陕西省建设工程施工仪器仪表台班费用定额

（2025）

批准部门：陕 西 省 住 房 和 城 乡 建 设 厅
主编单位：陕西省建设工程造价服务中心
参编单位：亿 诚 建 设 项 目 管 理 有 限 公 司
华春建设工程项目管理有限责任公司
陕西谨成工程造价咨询有限公司
软件支持：广 联 达 西 安 科 技 有 限 公 司
实施日期：2 0 2 5 年 7 月 1 日

中国计划出版社

北 京

图书在版编目（CIP）数据
陕西省建设工程施工仪器仪表台班费用定额. 2025 / 陕西省建设工程造价服务中心主编. -- 北京 ： 中国计划出版社, 2025. 6（2025.8重印）. -- ISBN 978-7-5182-1856-1
Ⅰ. TU723.3
中国国家版本馆 CIP 数据核字第 2025PV0946 号

陕西省建设工程施工仪器仪表台班费用定额（2025）
SHAANXI SHENG JIANSHE GONGCHENG SHIGONG YIQI YIBIAO TAIBAN FEIYONG DING'E（2025）
陕西省建设工程造价服务中心　主编

责任编辑：张　颖　　　　封面设计：韩可斌

中国计划出版社出版发行
网址：www.jhpress.com
地址：北京市西城区木樨地北里甲 11 号国宏大厦 C 座 4 层
邮政编码：100038　电话：（010）63906433（发行部）
北京厚诚则铭印刷科技有限公司印刷

880mm × 1230mm　1/16　3 印张　85 千字
2025 年 6 月第 1 版　2025 年 8 月第 2 次印刷

定价：12.00 元

本书编委会

总　　编： 李卫军

副 总 编： 张　丹　陈永兵　崔建明　杜产阳

本书编写人员名单

主　　编： 史媛媛

编写人员： 赵醒文　王江锋　杨艳红　郭继庆

软件操作： 郭继庆　路燚桓

陕西省住房和城乡建设厅关于印发2025陕西省建设工程费用规则等计价依据的通知

陕建管发〔2025〕10号

各设区市住房和城乡建设局，杨凌示范区住房和城乡建设局，各相关企业：

为贯彻落实《住房和城乡建设部办公厅关于印发工程造价改革工作方案的通知》（建办标〔2020〕38号）及《陕西省住房和城乡建设厅关于印发〈陕西省建设工程造价改革工作实施方案〉的通知》（陕建发〔2020〕1109号）精神，依据《陕西省建设工程造价管理办法》，我厅组织修编了《陕西省建设工程费用规则》及6个专业配套基价表、《陕西省房屋建筑与装饰工程消耗量定额》等6个专业消耗量定额、施工机械台班费用定额、仪器仪表台班费用定额（详见附件），现予以印发，自2025年7月1日起实施，并提出以下意见，请一并贯彻执行：

一、2025年7月1日起新开工的建设工程执行新的计价依据；2025年7月1日前的在建工程（包括已招投标或已签订合同的工程）仍按原约定的计价依据执行。

二、原2004《陕西省建筑装饰工程消耗量定额》《陕西省安装工程消耗量定额》《陕西省市政工程消耗量定额》《陕西省园林绿化工程消耗量定额》、2009《陕西省建设工程工程量清单计价规则》、2009《陕西省建设工程工程量清单计价费率》、《陕西省建设工程消耗量定额（2004）补充定额》、2009《陕西省建筑装饰市政园林绿化工程价目表》《陕西省安装工程价目表》于2025年7月1日起停止使用。

三、上述计价依据的日常管理及技术内容解释由陕西省建设工程造价服务中心具体负责。

附件：2025陕西省建设工程计价依据汇总表

陕西省住房和城乡建设厅

2025年3月17日

附　　件

2025 陕西省建设工程计价依据汇总表

序　　号	名　　称
1	陕西省建设工程费用规则（2025）
2	陕西省房屋建筑与装饰工程基价表（2025）
3	陕西省通用安装工程基价表（2025）
4	陕西省市政工程基价表（2025）
5	陕西省园林绿化工程基价表（2025）
6	陕西省城市地下综合管廊工程基价表（2025）
7	陕西省绿色建筑工程基价表（2025）
8	陕西省房屋建筑与装饰工程消耗量定额（2025）
9	陕西省通用安装工程消耗量定额（2025）
10	陕西省市政工程消耗量定额（2025）
11	陕西省园林绿化工程消耗量定额（2025）
12	陕西省城市地下综合管廊工程消耗量定额（2025）
13	陕西省绿色建筑工程消耗量定额（2025）
14	陕西省建设工程施工机械台班费用定额（2025）
15	陕西省建设工程施工仪器仪表台班费用定额（2025）

前　言

随着科技的不断进步与创新，陕西省建筑业正逐步迈入工业化、绿色化、智能化的新时代。这一转变不仅带来了施工技术和工艺的革新，极大提升了工程建设的效率与质量，同时也对工程造价的确定与控制提出了新的要求与挑战。

消耗量定额作为衡量工程建设所需人工、材料、施工机械消耗量的重要标准，其准确性和合理性对于确保工程造价的公正性和科学性至关重要。为此，陕西省住房和城乡建设厅对2004版陕西省建设工程消耗量定额进行了全面而深入的修编，以适应新时代建筑业的发展需求。

经过深入的市场调研、专家咨询与广泛的社会意见征集，我们成功构建了一套全新的陕西省建设工程消耗量定额体系。新修订的消耗量定额体系共涵盖《陕西省房屋建筑与装饰工程消耗量定额（2025）》《陕西省安装工程消耗量定额（2025）》《陕西省市政工程消耗量定额（2025）》《陕西省城市地下综合管廊工程消耗量定额（2025）》《陕西省园林绿化工程消耗量定额（2025）》以及《陕西省绿色建筑工程消耗量定额（2025）》等六大专业领域，总计二十八册。这一体系体现了科学、先进、实用的原则，更紧密结合了我省建设工程发展的实际情况，充分吸纳了新的施工工艺和技术标准，对各专业消耗量定额交叉水平进行了统一，为工程造价管理、提高投资效益提供强有力的支持。

作为陕西省建设工程编制最高投标限价（标底）、工程结算、施工图预算、工程造价纠纷处理等工作的重要依据，本消耗量定额也是投标报价、投资估算、设计概算、企业定额等方面的重要参考。在新的定额体系中，我们特别关注了人工、材料、施工机械消耗量的科学确定，其中人工工日按8小时工作制计算，且以主要工种的综合工日表示，材料消耗量包含净用量与损耗量，机械消耗量则依据工程实际情况综合确定。

为保持定额体系的时效性与准确性，我们将采取动态管理的方式，根据市场变化和技术进步的情况对定额数据进行必要的更新与调整。同时，我们还将建立定额体系的反馈机制，积极收集来自业界、专家学者及实践工作者的意见和建议，以不断完善定额体系，提高其准确性和效率。

陕西省住房和城乡建设厅

2025年3月

目　　录

说　　明

一、《陕西省建设工程施工仪器仪表台班费用定额（2025）》（以下简称“本定额”）是参照国家《建设工程施工仪器仪表台班费用编制规则（增值税版）》、《陕西省建设工程施工机械台班价目表（2009）》，结合陕西省企业施工仪器仪表使用情况进行编制的。

二、本定额是陕西省建设工程各专业工程消耗量定额的施工仪器仪表台班单价取定和计算的依据。

三、本定额包括自动化仪表及系统、电工仪器仪表、光学仪器、分析仪表、试验机、电子和通信测量仪器仪表、专用仪器仪表等共计 7 类。

四、本定额基价按每台班 8 小时工作制考虑，仪器仪表台班适用于价值 2000 元（含 2000 元）以上、使用期限超过一年的施工仪器仪表，动力材料单价是按照 2024 年 11 月份全省综合水平取定的。

五、本定额台班单价由折旧费、维护费、校验费和动力费等四项除税费用组成。

施工仪器仪表台班费用编制规则如下：

1. 折旧费 = 仪器仪表原值 × (1 – 残值率)/耐用总台班。

（1）施工仪器仪表原值参照国家《建设工程施工仪器仪表台班费用编制规则（增值税版）》有关基础数据并结合本省实际情况确定。

（2）残值率按 5.00%计算。

（3）耐用总台班 = 年工作台班 × 折旧年限。

年工作台班和折旧年限参照国家《建设工程施工仪器仪表台班费用编制规则（增值税版）》有关基础数据并结合本省实际情况确定。

2. 维护费 = 年维护费/年工作台班。

（1）年维护费 = 起始值 + (原值 – 起始值) × 维护费率。

起始值参照国家《建设工程施工仪器仪表台班费用编制规则（增值税版）》有关基础数据并结合本省实际情况确定。

（2）年工作台班参照国家《建设工程施工仪器仪表台班费用编制规则（增值税版）》有关基础数据并结合本省实际情况确定，施工仪器仪表台班年维护费见下表。

施工仪器仪表台班年维护费计算表

序号	施工仪器仪表原值（元）	维护费率（%）	起始值（元）	年维护费（元）
1	1709～4274	5.00	85.47	起始值 + (原值 – 1709) × 维护费率
2	4274～42735	2.50	213.67	起始值 + (原值 – 4274) × 维护费率
3	42735～85470	2.00	1175.21	起始值 + (原值 – 42735) × 维护费率
4	85470～128205	1.55	2029.91	起始值 + (原值 – 85470) × 维护费率

续表

序号	施工仪器仪表原值（元）	维护费率（%）	起始值（元）	年维护费（元）
5	128205～170940	1.15	2692.31	起始值 +（原值 – 128205）× 维护费率
6	170940～213675	0.80	3183.76	起始值 +（原值 – 170940）× 维护费率
7	213675～256410	0.50	3526.64	起始值 +（原值 – 213675）× 维护费率
8	≥ 256410	0.25	3739.32	起始值 +（原值 – 256410）× 维护费率

3. 校验费 = 年检验费/年工作台班。

年工作台班参照国家《建设工程施工仪器仪表台班费用编制规则（增值税版）》有关基础数据并结合本省实际情况确定，施工仪器仪表台班年校验费见下表。

施工仪器仪表台班年校验费计算表

序号	施工仪器仪表原值（元）	校验费率（%）	起始值（元）	年校验费（元）
1	1709～4274	9.00	153.85	起始值 +（原值 – 1709）× 维护费率
2	4274～42735	4.50	384.62	起始值 +（原值 – 4274）× 维护费率
3	42735～85470	3.60	2115.38	起始值 +（原值 – 42735）× 维护费率
4	85470～128205	2.79	3653.85	起始值 +（原值 – 85470）× 维护费率
5	128205～170940	2.07	4846.15	起始值 +（原值 – 128205）× 维护费率
6	170940～213675	1.44	5730.77	起始值 +（原值 – 170940）× 维护费率
7	213675～256410	0.90	6346.15	起始值 +（原值 – 213675）× 维护费率
8	≥ 256410	0.45	6730.77	起始值 +（原值 – 256410）× 维护费率

六、仪器仪表台班定额为除税价，税率按国家现行有关规定执行。

七、除另有说明外，本定额凡注明“×××以内”或“×××以下”均包括“×××”本身；注明“×××以外”或“×××以上”的，则不包括“×××”本身。

八、本定额的解释和日常管理，由陕西省建设工程造价服务中心负责。

第一章

自动化仪表及系统（87-01）

编号	编码	仪器仪表名称	性能规格	台班单价	费用组成			
					折旧费	维护费	校验费	动力费
				元	元	元	元	元
1	870110001	数字温度计	量程：−250～1767℃	6.95	3.90	1.03	1.85	0.17
2	870110027	红外测温仪	量程：−30～1200℃，精度：±1%	33.66	23.01	3.74	6.74	0.17
3	870110045	热电偶精密测温仪	量程：−200～1800℃	9.61	5.44	1.43	2.57	0.17
4	870110049	干体式温度校验仪	量程：−20～650℃，精度：±0.06	82.34	58.83	8.34	15.00	0.17
5	870110074	标准铂电阻温度计	量程：0～420℃	14.37	8.91	1.89	3.40	0.17
6	870113001	数字压力表	量程：−90kPa～2.5MPa，精度：±0.05%	20.09	13.09	2.44	4.39	0.17
7	870113006	数字精密压力表	量程：0～60MPa	16.01	10.11	2.05	3.68	0.17
8	870113019	数字式电子微压计	量程：压力：0～20kPa，风速：1.3～99.9m/s	39.00	26.91	4.26	7.66	0.17
9	870113025	便携式电动泵压力校验仪	量程：−85kPa～1MPa	39.33	27.15	4.29	7.72	0.17
10	870113029	多功能压力校验仪	量程：−0.1～70MPa	203.65	154.90	17.35	31.23	0.17
11	870113033	压力校验仪	量程：真空～70MPa	42.80	29.69	4.62	8.32	0.17
12	870113047	高精度 40 通道压力采集系统	量程：0～15kHz	150.17	111.36	13.80	24.84	0.17
13	870113055	标准压力发生器	量程：0～200kPa	76.76	54.52	7.88	14.19	0.17
14	870113059	标准差压发生器 PASHEN	量程：0～200kPa	26.86	18.04	3.09	5.56	0.17
15	870113063	智能数字压力校验仪	量程：0～60kPa，精度：±0.02%	21.48	14.11	2.57	4.63	0.17
16	870116001	数字压差计	量程：0～20kPa	7.90	4.45	1.17	2.11	0.17
17	870116005	超声波流量计	量程：0.01～30m/s，精度：±1%	7.43	4.18	1.10	1.98	0.17
18	870116010	便携式双探头超声波流量计	量程：流速：0～64m/s	8.49	4.79	1.26	2.27	0.17
19	870122009	转速表	量程:50～40000rpm,(多量程),精度:显示值×(±0.05%)=±1位	16.05	10.10	2.04	3.68	0.23

续前

编号	编码	仪器仪表名称	性能规格	台班单价	费用组成			
					折旧费	维护费	校验费	动力费
				元	元	元	元	元
20	870125001	彩色监视器	最高清晰度：1250TVL	4.41	2.13	0.56	1.01	0.71
21	870131001	气动综合校验台	综合校验	8.39	4.34	1.14	2.06	0.85
22	870134001	电动综合校验台	综合校验	16.51	9.98	2.03	3.65	0.85
23	870199011	笔记本电脑	配置：CPU 主频 3.3GHz，内存 4GB，硬盘 1T，独立显卡	9.34	5.10	1.34	2.42	0.48
24	870199013	宽行打印机	136 列	5.29	2.77	0.73	1.31	0.48
25	870199015	里氏硬度计	量程：HL200～960，HV32～1000，HB30～680，HRB4～100，HRC20～70，HSD32～102，精度：±4%	23.75	15.54	2.76	4.97	0.48
26	870199017	过程仪表	量程：压力：0～4MPa，温度：−40～600℃，湿度：0～100%	21.53	13.92	2.55	4.58	0.48
27	870199019	数字毫秒表	量程：0.0001～9999.9s，精度：优于 5×10^{-5}	3.71	1.86	0.49	0.88	0.48
28	870199023	三参数测试仪	量程：输出电压：0～1000V，精度：±1%，恒定电流：1mA，精度：±2%，漏电流测量：20μA，200μA	8.54	4.64	1.22	2.20	0.48
29	870199025	电子天平	0.0001g	15.36	9.96	1.89	3.40	0.11
30	870199027	循环冷却水动态模拟试验装置		182.12	132.02	36.16	13.38	0.56

第二章

电工仪器仪表（87-06）

编号	编码	仪器仪表名称	性能规格	台班单价	费用组成			
					折旧费	维护费	校验费	动力费
				元	元	元	元	元
31	870613013	兆欧表	量程：0.01Ω～20kΩ，0.1～600V	5.75	3.25	0.85	1.54	0.11
32	870613018	高压兆欧表	量程：1～1000GΩ，500V～5kV	46.90	32.73	5.02	9.04	0.11
33	870613023	手持式万用表	10000 计数，真有效值	4.06	2.27	0.60	1.08	0.11
34	870613024	手持式万用表	50000 计数，真有效值，PC 接口	6.31	3.57	0.94	1.69	0.11
35	870613028	工业用真有效值万用表	直/交流电压：0.1mV～1000V，直/交流电流：0.1μA～10A，电阻：0.1Ω～50MΩ，电容：1nF～9999μF，频率：0.5Hz～199.99kHz，K 型热电偶温度：−200～1090℃	5.58	3.15	0.83	1.49	0.11
36	870613032	真有效值数据存储型万用表	直/交流电压：50mV～1000V，直/交流电流：500μA～10A，电阻：50Ω～500MΩ，电容：1nF～100mF，频率：1Hz～1MHz，K 型热电偶温度：−200～1350℃	7.65	4.34	1.14	2.06	0.11
37	870613041	多功能交直流钳形测量仪	量程：DC：2000A，1000V，AC：2000A，750V，R：4000Ω	3.98	2.23	0.59	1.05	0.11
38	870613049	便携式电导率表	量程：0～2000μs/cm	7.01	3.97	1.05	1.88	0.11
39	870613053	绝缘油试验仪	量程：20～80kV，精度：±2%，升压速率测量误差小于 0.5%，时间读数分辨率 39μs，最高击穿电压设置：80kV	176.99	133.25	15.58	28.05	0.11
40	870622005	电桥（导纳）	量程：300kHz～1.5MHz，0.1μs～100ms	11.63	6.96	1.63	2.93	0.11
41	870622018	数字电桥	量程：20Hz～1MHz，8600 点，精度：±0.05%	59.26	41.76	6.21	11.18	0.11
42	870622022	电压比测试仪（变比电桥）	三相：0～1000，单相：0～5000	144.29	106.72	13.38	24.08	0.11
43	870622034	电位差计	量程：1μV～1.911110V，精度：±0.01%	7.23	4.10	1.08	1.94	0.11
44	870622036	携带式直流电位差计		7.80	4.25	1.17	2.27	0.11
45	870622039	钳形接地电阻测试仪	量程：0.1～1200Ω，1mA～30A	12.40	7.52	1.70	3.07	0.11

续前

编号	编码	仪器仪表名称	性能规格	台班单价	费用组成			
					折旧费	维护费	校验费	动力费
				元	元	元	元	元
46	870622047	回路电阻测试仪	量程：1～1999μΩ，精度：±1%	18.61	12.06	2.30	4.14	0.11
47	870622055	接地电阻测试仪	量程：0.001Ω～299.9kΩ	53.43	37.50	5.65	10.17	0.11
48	870622060	接地引下线导通电阻测试仪	量程：1～1999mΩ	13.53	8.35	1.81	3.26	0.11
49	870622064	高压绝缘电阻测试仪	量程：0.05～50Ω，1～100mΩ，1000V	37.03	25.52	4.07	7.33	0.11
50	870622068	交/直流低电阻测试仪	量程：1μΩ～2MΩ，精度：±0.05%	7.33	4.16	1.09	1.97	0.11
51	870622072	变压器直流电阻测试仪	量程：1mΩ～4Ω，5A，1mΩ～1Ω，10A	18.61	12.06	2.30	4.14	0.11
52	870622089	交流阻抗测试仪	量程：电流：100mA～50A，精度：±0.5%，电压：10～500V，精度：±0.5%	61.80	43.62	6.45	11.62	0.11
53	870622093	变压器短路阻抗测试仪	量程：电压：25～500V，精度：±0.1%，电流：0.5～50A，精度：±0.1%，阻抗：0～100%，精度：±0.1%，功率：15W～10kW，精度：±0.2%	40.84	28.30	4.44	7.99	0.11
54	870622097	断路器动特性综合测试仪	输入电源：AC220V，输出电压：DC30～250V，输出电流：≤20.00A，时间：0.1～16000.0ms，精度：0.1%±0.1ms，速度：0.1～20.00m/s，精度：1%±0.1m/s，行程：0.1～600.0mm，精度：1%±1mm，合闸电阻：≤7000Ω	158.48	118.18	14.35	25.84	0.11
55	870622101	变压器绕组变形测试仪	量程：1kHz～2MHz，扫频点：2000，精度：±1%	49.22	34.43	5.24	9.44	0.11
56	870622105	精密标准电阻箱	量程：0.01～111111.11Ω	4.14	2.32	0.61	1.10	0.11
57	870622109	互感器测试仪	量程：HES-1Bx，3.0级	27.51	18.56	3.16	5.68	0.11
58	870622117	水内冷发电机绝缘特性测试仪	量程：40MΩ～10GΩ，精度：±5%	96.22	69.60	9.47	17.04	0.11
59	870628001	高速信号录波仪	连续：200kS/s，瞬间：2MS/s	42.89	29.69	4.62	8.32	0.26

续前

编号	编码	仪器仪表名称	性能规格	台班单价	费用组成			
					折旧费	维护费	校验费	动力费
				元	元	元	元	元
60	870628005	电量记录分析仪	量程：电压：−400～400V，（多量程），电流：−20～20mA	132.40	97.44	12.40	22.32	0.24
61	870628009	数据记录仪	8 通道	67.20	47.47	6.96	12.53	0.24
62	870699001	调频串联谐振交流耐压试验装置	量程：132kV/A27	110.97	80.73	10.64	19.15	0.45
63	870699005	调速系统动态测试仪	密度：0～3g/cm^3，精度：±0.001%，温度：0～100°C，精度：±0.5%	103.17	74.70	10.01	18.01	0.45
64	870699013	电能表校验仪	量程：200～2000VA	60.87	42.69	6.33	11.40	0.45
65	870699021	继电器检验仪	功率差动	38.26	26.17	4.16	7.48	0.45
66	870699026	真空断路器测试仪	量程：10^{-5}～10^{-1}Pa	32.92	22.27	3.64	6.56	0.45
67	870699031	电感电容测试仪	电容：2～2000μF，电感：5～500mH	5.04	2.64	0.70	1.25	0.45
68	870699035	电压电流互感器二次负荷在线测试仪	比差：0.001%～19.99%，角差：0.01′～599′	27.22	18.10	3.10	5.57	0.45
69	870699039	压降测试仪	量程：比差：0.001%～19.99%，角差：0.01′～599′，分辨率：比差 0.001%，角差：0.01′，导纳：1～50.0ms	46.90	32.48	4.99	8.98	0.45
70	870699043	伏安特性测试仪	量程：0～600V，0～100A	53.25	37.12	5.60	10.08	0.45
71	870699047	三相多功能钳形相位伏安表	量程及精度：U：45～450V，精度：±0.5%，I：1.5mA～10A，精度：±0.5%，φ：0～360°，精度：±1.0°，F：45～65Hz，精度：±0.03，P：220±40V，精度：±0.5%，PF：220±40V，精度：±0.01	17.44	10.95	2.16	3.88	0.45
72	870699051	全自动变比组别测试仪	K＝1～1000，精度：±0.2%	17.05	10.67	2.12	3.81	0.45

续前

编号	编码	仪器仪表名称	性能规格	台班单价	费用组成			
					折旧费	维护费	校验费	动力费
				元	元	元	元	元
73	870699060	电能校验仪	电流：AC：6×(0～12.5)A，3×(0～25)A，1×(0～75)A，DC：±75A，电压：AC：4×(0～300)V，3×(0～300)V，1×(0～600)V，DC：4×(0～±300)V	31.65	21.34	3.52	6.34	0.45
74	870699064	2000A 大电流发生器	量程：输出电流：串联 2000A，并联 4000A，精度：±0.5%	28.49	19.03	3.22	5.79	0.45
75	870699068	相位表	量程：电压：20～500V，精度：±1.2%，电流：200mA～10A，精度：±1%，相位：0～360°，精度：±0.03%	9.48	5.20	1.37	2.46	0.45
76	870699076	微机继电保护测试仪	量程：0.1ms～9999s，精度：0.1ms	68.86	48.53	7.10	12.78	0.45
77	870699080	继电保护检验仪	量程：AC：0～20A，0～120V，DC：0～20A，0～300V，（三相）	218.58	167.03	18.25	32.85	0.45
78	870699084	继电保护装置试验仪	量程：相电压：3×(0～65)V，线电压：3×(0～112)V，精度：±0.5%，电流：三相 30A，三相并联 60A，精度：±0.5%	49.43	34.33	5.23	9.42	0.45
79	870699088	交直流高压分压器（100kV）	量程：分压器阻抗：1200MΩ，电压等级 AC：100kV，DC：100kV，精度：AC：±1.0%，DC：±0.5%，分压比：1000：1	23.79	15.59	2.77	4.98	0.45
80	870699092	YDQ 充气式试验变压器	量程：1～500kV·A，空载电流：<7%，阻抗电压：<8%	52.52	36.59	5.53	9.95	0.45
81	870699096	高压试验变压器配套操作箱、调压器	TEDGC-50/0.38/0～0.42	36.73	25.05	4.01	7.22	0.45
82	870699097	远红外线调压器		12.68	6.96	3.68	1.51	0.53
83	870699100	发电机转子交流阻抗测试仪	量程：阻抗：0～999.999Ω，电压：10～500V，电流：100mA～50A	46.26	32.01	4.93	8.87	0.45

续前

编号	编码	仪器仪表名称	性能规格	台班单价	费用组成			
					折旧费	维护费	校验费	动力费
				元	元	元	元	元
84	870699104	发电机定子端部绝缘监测杆	量程：DC：0～20kV，0～1000μA，精度：1.0 级，阻抗：100MΩ	118.45	86.50	11.25	20.25	0.45
85	870699116	电力谐波测试仪 F41	量程：功率：0～600kW，峰值：0～2000kW，电流：1～1000mA(AC + DC)，电压：5～600V(AC + DC)，谐波：基波：31 次谐波	23.40	15.31	2.73	4.91	0.45
86	870699120	调谐试验装置	XSB-720/60	232.70	179.10	18.98	34.17	0.45
87	870699124	最佳阻容调节器 RCK	500kV：隔直工频阻抗：0.05Ω，耐受持续的 250ms 冲击电流：25kA，耐受 4s 电流冲击 25kA220kV：隔直工频阻抗 0.096Ω，耐受持续的 250ms 冲击电流 15kA，耐受 4s 电流冲击 9.5kA	235.52	181.51	19.13	34.43	0.45
88	870699128	线路参数测试仪	量程：电容：0.1～30μF，分辨率：0.01μF，阻抗：0.1～400Ω，分辨率：0.01Ω，阻抗角：0.1°～360°，分辨率：0.01°	174.41	130.87	15.39	27.70	0.45
89	870699132	综合测试仪	开路电压：(200～5500)V±10%，50Ω 负载时波形：100～2750V，单个脉冲上升时间T_r：5ns ± 30%，单个脉冲持续时间T_d：50ns ± 30%，1000Ω 负载时波形：200～5500V，单个脉冲上升时间T_r：5ns ± 30%，单个脉冲持续时间T_d：35～50ns，源阻抗：Z_q = 50Ω ± 20%	395.42	325.02	24.98	44.97	0.45
90	870699136	现场测试仪 PLT301A	综合测试	48.24	33.46	5.12	9.21	0.45
91	870699140	多倍频感应耐压试验器	量程：10kV · A	36.73	25.05	4.01	7.22	0.45
92	870699144	高压核相仪	量程：0～10kV	17.80	11.22	2.19	3.94	0.45
93	870699148	高压开关特性测试仪	量程：0～999.9ms	49.35	34.28	5.22	9.40	0.45

续前

编号	编码	仪器仪表名称	性能规格	台班单价	费用组成			
					折旧费	维护费	校验费	动力费
				元	元	元	元	元
94	870699152	高压试验成套装置	量程：0～200kV（AC）	710.67	629.05	28.99	52.18	0.45
95	870699153	高压试验设备	ZGS-20	149.11	93.59	31.86	13.01	10.65
96	870699156	自动介损测试仪	量程：$0.1\% < \tan\delta < 50\%$，$3pF < C_x < 60000pF$，10kV时，$C_x \leqslant 30000pF$，5kV时，$C_x \leqslant 60000pF$	48.25	33.47	5.12	9.21	0.45
97	870699160	多功能信号校验仪	测量：输出和模拟 mA、mV、V、欧姆、频率和多种RTD、T/C信号	123.17	90.15	11.63	20.94	0.45
98	870699164	TPFRC 电容分压器交直流高压测量系统	量程：AC/DC0～300kV（选择购买），分压比：$K=1000$，精度：±0.5%	113.14	82.40	10.82	19.47	0.45
99	870699168	变压器特性综合测试台	量程：10～1600kV·A，精度：0.2级，输出电压：0～430V（可调）	110.61	80.45	10.61	19.10	0.45
100	870699172	振动动态信号采集分析系统	范围：16、32、48、64点的测量系统	76.53	54.13	7.84	14.11	0.45
101	870699176	保护故障子站模拟系统	子站信息采集	93.73	67.41	9.24	16.63	0.45
102	870699192	关口计量表测试专用车		682.51	568.08	28.19	50.74	35.50
103	870699196	电磁式互感器		81.70	57.20	8.21	15.54	0.75
104	870699200	高精度多功能电功率采集仪		46.24	32.27	4.83	8.69	0.45
105	870699204	自耦调压器	TDJC-S-1	27.09	17.16	3.13	6.05	0.75
106	870699206	变送器校验装置		41.12	27.74	9.10	3.72	0.56
107	870699208	旋转移相器	TXSGA-1/0.5	6.42	3.35	1.85	0.69	0.53

第三章

光学仪器（87-11）

编号	编码	仪器仪表名称	性能规格	台班单价	费用组成			
					折旧费	维护费	校验费	动力费
				元	元	元	元	元
108	871113018	激光测距仪	量程：4～1000m，精度：±1%	14.40	8.82	1.87	3.37	0.34
109	871119001	固定式看谱镜	量程：390～700nm，分辨率：0.05～0.11nm	22.66	14.85	2.67	4.80	0.34
110	871119005	原子吸收分光光度计	波长：190～900nm	95.25	68.67	9.37	16.87	0.34
111	871119009	可见分光光度计	波长：340～900nm	108.47	78.88	10.45	18.80	0.34
112	871119013	红外光谱仪	波长：4000～400cm～1nm，精度：±1.5%～1%	148.05	109.50	13.65	24.56	0.34
113	871119017	光谱分析仪	量程：600～1750nm	436.00	364.24	25.51	45.91	0.34
114	871119029	高稳定度光源	波长：1310/1550nm	35.25	24.05	3.88	6.98	0.34
115	871119045	彩色亮度计	色温：1500～25000K，亮度：0.01～32000000cd/m^2，精度：±3%	42.37	29.01	4.65	8.37	0.34
116	871119057	色度计	量程：380～780nm，精度：±0.3nm	177.98	132.08	16.27	29.29	0.34
117	871122001	光纤测试仪	860±20nm	259.50	202.06	20.37	36.67	0.40
118	871122006	智能型光导抗干扰介损测量仪	介损：0～50%，分辨率 0.0001，电容：$C_x \leqslant$ 60000pF，分辨率：0.1pF	36.04	25.44	2.67	7.53	0.40
119	871122010	手持光损耗测试仪	波长：850～1650nm	10.65	6.03	1.51	2.71	0.40
120	871122015	光纤接口试验设备	传输速率：10/100，传输距离：2km，接口：RJ-45，ST	6.16	3.32	0.87	1.57	0.40
121	871122021	光时域反射仪	波长：1310/1490/1550/1625nm ± 20nm	102.52	74.24	9.96	17.92	0.40
122	871122026	光纤熔接机	单模、多模	108.53	78.88	10.45	18.80	0.40
123	871122030	光功率计	量程：−75～25dBm，波长：750～1700nm	56.10	39.24	5.88	10.58	0.40
124	871122050	手提式光纤多用表	量程：−70～0dB	15.90	9.87	2.01	3.62	0.40
125	871134006	红外成像仪	640 × 480 像素	647.97	568.84	28.20	50.76	0.17
126	871137001	激光轴对中仪	最大穿透：50mm（A3 钢）	100.48	67.36	15.49	17.40	0.23
127	871137002	导向仪		7.04	3.47	1.26	1.97	0.34

第四章

分析仪表（87-16）

编号	编码	仪器仪表名称	性能规格	台班单价	费用组成			
					折旧费	维护费	校验费	动力费
				元	元	元	元	元
128	871610001	pH 测试仪	量程：0.00～14，分辨率：0.01，精度：±0.01	6.94	3.86	1.02	1.83	0.23
129	871610009	台式 pH/ISE 测试仪	分辨率：–2.000～19.999ISE，量程：0～19900，分辨率：1，精度：±0.05%	49.67	34.43	5.36	9.65	0.23
130	871625001	便携式电力变压器油色谱分析仪	便携式，三检测器流程。最小检测浓度（单位：μL/L）：H_2：2；CO：2；CO_2：2；CH_4：0.1；C_2H_4：0.1；C_2H_6：0.1；C_2H_2：0.1；定性重复性：偏差 ≤ 1%；定量重复性：偏差 ≤ 3%	303.74	235.03	23.73	42.71	2.27
131	871625009	离子色谱仪	物理分辨率：0.0047nS/cm	217.16	162.39	18.75	33.75	2.27
132	871631001	精密数字温湿度计	储存温度：–30～70℃，操作温度：–20～50℃	44.89	30.75	4.88	8.78	0.48
133	871631009	浊度仪	量程：0～500	14.66	8.66	1.97	3.55	0.48
134	871631013	可拆式烟尘采样枪	量程：0.8～3m	39.26	26.63	4.34	7.81	0.48
135	871634025	X.Y 辐射剂测量仪	测量范围：剂量当量率：0.01～30mSv/h；剂量当量：0～9999mSv；相对基本误差：剂量当量率：≤ ±20%，剂量当量：≤ ±15%	7.26	3.90	1.03	1.85	0.48
136	871634065	粉尘快速测试仪	流量：5～80L/min	28.75	18.95	3.33	5.99	0.48
137	871634073	便携式烟气预处理器	量程：0～120℃	31.86	21.22	3.63	6.53	0.48
138	871634081	烟尘测试仪	量程：5～80L/min	39.26	26.63	4.34	7.81	0.48
139	871634097	便携式污染检测仪	精确目测 5～150μm 颗粒污染	25.04	16.24	2.97	5.35	0.48
140	871634105	便携式精密露点仪	精度：±0.5%，0.3kW	88.74	62.79	9.10	16.37	0.48
141	871634161	2 通道建筑声学测量仪	建筑物内两室之间空气隔声现场测量、外墙构件和外墙面空气隔声测量、楼板撞击声隔声测量、室内混响时间测量和平均声压测量	128.03	93.11	12.30	22.14	0.48
142	871634169	总有机碳分析仪	测量范围：0.2～30000mg/LTOC/TC/NPOC/TIC，0～100mg/LTNb（ECD 检测法），0～200mg/LTNb（CLD 检测法），检测限：50μg/LTOC，100μg/LTNb（ECD 检测法），100μg/LTNb（CLD 检测法）允许颗粒尺寸：50～500m	30.22	20.03	3.47	6.24	0.48
143	871634177	余氯分析仪	量程：0～2.5mg/L	9.51	5.20	1.37	2.46	0.48

续前

编号	编码	仪器仪表名称	性能规格	台班单价	费用组成			
					折旧费	维护费	校验费	动力费
				元	元	元	元	元
144	871634193	旋转腐蚀挂片试验仪	温控范围：20～80℃ ± 1℃，转速：40～160 转/min ± 2 转/min	23.56	15.16	2.83	5.09	0.48
145	871634201	煤粉气流筛	气流量：360m³/h	86.07	60.84	8.84	15.91	0.48
146	871634209	BOD 测试仪	量程：0.00～90.0mg/L，0.0～600%，分辨率：0.1/0.01mg/L，1/0.1%	44.00	30.10	4.79	8.63	0.48
147	871634217	TOFD 检测仪		434.93	354.94	28.51	51.31	0.17
148	871634227	便携式煤粉取样装置		17.37	10.30	4.88	1.99	0.20
149	871637001	多功能校准仪	测量电压，电流，热电偶，铂电阻，频率和电阻功能，以检测传感器/变送器输出/模拟电压，电流，热电偶，铂电阻，频率、电阻和压力，以校准变送器	34.01	23.02	3.86	6.95	0.18
150	871640009	高精度多功能过程校验仪	双通道，双显示，可同时测量和输出两个参数测量电压，电流，热电偶，热电阻，频率，电阻，压力功能，以检测传感器/变送器输出/模拟电压，电流，热电偶，热电阻，频率和电阻，以校准变送器频率和脉冲信号幅值 1～20V 连续可调	155.14	114.28	14.53	26.15	0.18
151	871640017	回路校验仪	量程（DC）：24V，精度：±10%	93.10	66.36	9.49	17.07	0.18
152	871640025	多功能校验仪	校验压力、电信号、温度和频率，精度：0.0025%rdg + 0.002%FS	237.57	180.71	20.24	36.44	0.18
153	871699009	脉冲定位仪		12.47	6.95	1.83	3.52	0.17
154	871699017	相控阵检测仪		139.64	101.33	13.33	24.53	0.45
155	871699025	轴位移测振仪		47.19	32.97	4.92	8.85	0.45
156	871699027	振荡波试验设备		55.75	34.74	9.14	11.42	0.45

第五章

试验机（87-21）

编号	编码	仪器仪表名称	性能规格	台班单价	费用组成			
					折旧费	维护费	校验费	动力费
				元	元	元	元	元
157	872119001	标准测力仪	量程：30kN	11.01	6.28	1.65	2.97	0.11
158	872128001	探伤机	最大穿透力：29mm	29.18	19.49	3.40	6.12	0.17
159	872128011	磁粉探伤仪	最大穿透力：39mm（A3 钢）	55.83	38.97	5.96	10.73	0.17
160	872128019	X 射线探伤机	最大穿透力：75mm	91.28	64.96	9.34	16.81	0.17
161	872128020	X 射线探伤机	穿透厚度：4～40mm	117.91	85.53	11.50	20.71	0.17
162	872128028	超声波探伤仪	扫描量程：0～4500mm，频率：0.5～10MHz	144.54	106.10	13.67	24.60	0.17
163	872128046	γ 射线探伤仪（Ir192）	透照厚度：10～80mm（Fe），300mm（混凝土）	5.78	3.23	0.85	1.53	0.17

第六章

电子和通信测量仪器仪表（87-31）

编号	编码	仪器仪表名称	性能规格	台班单价	费用组成			
					折旧费	维护费	校验费	动力费
				元	元	元	元	元
164	873110003	标准信号发生器	范围：0.05～1040MHz	6.82	3.65	0.96	1.73	0.48
165	873110025	频率合成信号发生器	范围：2～18MHz	210.82	162.80	16.98	30.56	0.48
166	873110028	脉冲信号发生器	范围：0～125MHz	56.50	39.66	5.84	10.52	0.48
167	873110045	电视信号发生器	16 种图像	11.67	6.90	1.53	2.76	0.48
168	873110054	工频信号发生器	范围：10MHZ、25MHz、100MHz 或 240MHz 正弦波形 14 位,250MS/S,1GS/s 或 2GS/s 任意波形高达 20Vp-p 的幅度，50Ω 负荷	52.23	36.54	5.43	9.78	0.48
169	873110056	振荡器	范围：频率：40～500kHz，稳定度：±3 × 10-6 阻抗：40Ω～4kΩ，误差±5%，电感：0.2～2mH，误差：±5%，回波损耗：0～14dB，误差：±0.5dB	16.85	10.68	2.03	3.66	0.48
170	873112006	直流稳压电源	输出：0～30V，0～30A，单路，双表头数显	15.11	7.98	1.56	3.18	2.39
171	873112011	直流稳压稳流电源	输出：60～600V，0～5A	9.02	3.53	1.43	1.67	2.39
172	873112024	直流高压发生器	输出：电压 300kV，电流：5mA	101.87	72.20	9.74	17.54	2.39
173	873112033	交流稳压电源	高精度净化式 2kV · A	10.52	4.55	1.43	2.15	2.39
174	873112040	交流高压发生器	容量：50kV · A	54.56	38.58	3.17	10.42	2.39
175	873112057	三相精密测试电源	电压：100V、220V、380V	59.39	42.32	3.37	11.31	2.39
176	873112061	精密交直流稳压电源	量程：650V、20A，精度：±0.1%	64.64	46.40	3.58	12.27	2.39
177	873114001	数字电压表	量程：20mV～1000V，灵敏度：1μV	6.05	3.41	0.90	1.62	0.12
178	873114002	数字电压表	量程：10μV～1000V	5.76	3.25	0.85	1.54	0.12
179	873122001	小功率计	量程：1μW～300mW，频率：50MHz～12.4GHz	8.04	4.55	1.20	2.15	0.14
180	873124002	数字直流（双臂）电桥	QJ84	5.75	1.82	0.77	0.32	2.84
181	873127017	蓄电池放电仪	电压：48～380V	41.98	29.07	4.45	8.01	0.45
182	873127025	蓄电池特性容量检测仪	电阻：0.00～100.00mΩ，电压：0.00～220V	40.77	28.19	4.33	7.80	0.45

续前

编号	编码	仪器仪表名称	性能规格	台班单价	费用组成			
					折旧费	维护费	校验费	动力费
				元	元	元	元	元
183	873136001	数字频率计	量程：10Hz～1000MHz	18.81	12.26	2.24	4.03	0.28
184	873136018	计时/计频器/校准器	量程：0～4.2GHz	157.53	118.61	13.80	24.84	0.28
185	873136056	时间间隔测量仪	量程：50ns～820ms，精度：±5%	89.42	64.79	8.70	15.65	0.28
186	873138001	网络测试仪	超五类线缆测试仪	105.40	77.14	9.99	17.99	0.28
187	873138002	网络测试仪	1000M 以太网测试仪	110.66	81.20	10.42	18.76	0.28
188	873138007	网络分析仪	量程：10Hz～500MHz	42.03	29.23	4.47	8.05	0.28
189	873138052	协议分析仪	量程：1000MHz	238.63	186.75	18.43	33.17	0.28
190	873140054	光可变衰耗器	衰减：0～20dB，精度：±0.1%，波长：1310/1550mm	24.65	16.65	2.82	5.07	0.11
191	873144004	场强仪	量程：−10～130dBμV，频率：5MHz～1GHz	207.56	160.23	16.82	30.28	0.23
192	873146002	频谱分析仪	频率：9kHz～26.5GHz	265.98	211.11	19.51	35.13	0.23
193	873148001	示波器	频率：50MHz	8.81	4.95	1.28	2.30	0.28
194	873148002	示波器	频率：100MHz	6.21	3.41	0.90	1.62	0.28
195	873148008	数字示波器	频率：500MHz	71.78	51.17	7.26	13.07	0.28
196	873148014	宽带示波器(20G)	频率：20GHz，采样率：80GSa/s	235.39	183.98	18.26	32.87	0.28
197	873148024	16 通道数字存储示波记录仪	模拟带宽：1GHz，采样率：5～10GS/s，记录长度：25～125M 点，4 个模拟通道和 16 个数字通道	30.03	20.46	3.32	5.97	0.28
198	873150005	PCM 话路特性测试仪	点电平、频率特性、电平特性、量化失真、空闲噪声、路际串话、回波衰耗、对地平衡度测试；端对端测试，环回测试；单路或 30 路自动测试	99.92	72.90	9.55	17.19	0.28
199	873150009	PCM 呼叫分析仪	频率：300～3400Hz，频偏：±5%	18.48	12.02	2.21	3.97	0.28
200	873150010	PCM 通道测试仪		220.88	168.72	17.34	34.36	0.46

续前

编号	编码	仪器仪表名称	性能规格	台班单价	费用组成			
					折旧费	维护费	校验费	动力费
				元	元	元	元	元
201	873150013	PCM 数字通道分析仪	2Mb/s	188.88	144.21	15.85	28.54	0.28
202	873150017	模拟信令测试仪	多频互控＋线路信令	386.03	323.09	22.38	40.28	0.28
203	873150040	数据分析仪	比特率：50b/s～115.2Kb/s、2Mb/s、$n\times64$K、64K，接口：V.24/RS232、V.35、X.21、V.36/RS499；64Kb/s 同向、反向接口；4 线全双工模拟接口	29.81	20.30	3.30	5.93	0.28
204	873150048	数字传输分析仪	测 1～4 次群通信系统误码相位抖动	9.36	5.36	1.33	2.39	0.28
205	873150060	通信性能分析仪	2Mb/s～2.5Gb/s	5.22	2.84	0.75	1.35	0.28
206	873150072	误码率测试仪	622Mb/s	520.76	453.04	24.09	43.35	0.28
207	873150098	手持 GPS 定位仪	定位时间：5s，定位精度：3m，存储容量：2G	4.30	2.31	0.61	1.10	0.28
208	873150102	对讲机（一对）	最大通话距离：5km	4.16	2.23	0.59	1.06	0.28
209	873152014	电缆测试仪	量程：10m～20km	15.87	10.15	1.96	3.53	0.23
210	873152043	地下管线探测仪	测量深度：4.5m，灵敏度：≤100μA，1m 处测试埋深误差：±5cm	72.77	51.97	7.35	13.22	0.23
211	873152047	驻波比测试仪	频率：5～6000MHZ	87.26	63.17	8.52	15.34	0.23
212	873152051	线路测试仪	测试线缆：RJ11、RJ45	10.34	6.11	1.43	2.57	0.23
213	873152055	中继线模拟呼叫器	中继呼叫	100.10	73.08	9.57	17.22	0.23
214	873152059	用户模拟呼叫器	用户端模拟呼叫	121.13	89.32	11.28	20.30	0.23
215	873152063	数字式快速对线仪		41.02	28.77	4.29	7.73	0.23
216	873154001	视频分析仪	测量包括：CCIRREP.624-1，Rec.567 和 Rec.569 等规定的项目	115.92	85.26	10.85	19.53	0.28
217	873158001	声级计	声压：35～130dB，频率：20Hz～8kHz	2.99	1.62	0.43	0.77	0.17
218	873158005	精密声级计	声压：38～140dB，频率：0Hz～18kHz	5.60	3.13	0.82	1.48	0.17

续前

编号	编码	仪器仪表名称	性能规格	台班单价	费用组成			
					折旧费	维护费	校验费	动力费
				元	元	元	元	元
219	873158009	STIPA 测试仪	量程：30～130dBSPLA，频率：10Hz～20kHz，延时分辨率：小于 0.1ms	24.14	16.24	2.76	4.97	0.17
220	873172003	逻辑分析仪	34 通道	125.81	92.90	11.65	20.98	0.28
221	873174001	编程器	3A	3.16	1.62	0.43	0.77	0.34
222	873174005	存储器测试仪	动态：RAm²56K，静态：64K	5.70	3.09	0.81	1.46	0.34
223	873174013	铭牌打印机	打印量程：54mm（长）×496mm（宽）	30.98	21.11	3.40	6.13	0.34
224	873174017	线号打印机	标签等材料上打印字符	3.93	2.07	0.54	0.98	0.34

第七章

专用仪器仪表（87-46）

编号	编码	仪器仪表名称	性能规格	台班单价	费用组成			
					折旧费	维护费	校验费	动力费
				元	元	元	元	元
225	874614017	SF_6微水分析仪	微水量程：−60～20℃，精度：±2%，响应时间：−60～20℃，5s（63%）、45s（90%），20～−60℃，10s（63%）、240s（90%）	21.73	14.05	2.68	4.83	0.17
226	874614105	气体分析仪	O_2：0～21VOL%，CO：0～4000ppm，CO_2：0～8000ppm，H_2-补偿：8000～30000ppm	35.10	23.82	3.97	7.14	0.17
227	874614109	气体测定设备		41.08	27.87	4.50	8.43	0.28
228	874614114	便携式多组气体分析仪	CO：0～100ppm，0～100VOL%，CO_2：0～1000ppm，0～100VOL%	122.26	88.89	11.86	21.34	0.17
229	874614122	便携式可燃气体检漏仪	量程：0～100%LEL，分辨率：0.01%LEL，精度：±2%FS，响应时间：≤5s，恢复时间：≤15s，重复性：±0.5%，线性误差：±1.0%，不确定度：2%Rd±0.1	13.02	7.69	1.84	3.32	0.17
230	874614130	氦气检漏仪	量程：0.1Pa	73.62	51.97	7.67	13.81	0.17
231	874614146	气体、粉尘、烟尘采样仪校验装置	动压：0～3000Pa，精度：±1.0%，静压：−30～30kPa，精度：±2.0%，温度：−20～55℃，精度：±0.1%、±0.5%，大气压：70～110kPa，精度：±0.2%、±0.01%，压力发生泵调压量程：−35～35kPa	19.95	12.75	2.51	4.52	0.17
232	874614154	烟气采样器	烟尘采样流量：4～40L/min，烟气采样流量：0.15～1.5L/min，隔膜式真空泵抽气能力：20kPa阻力时，流量大于30L/min，数字微压计测压量程：0～2000Pa	20.25	12.97	2.54	4.57	0.17
233	874614162	火灾探测器试验器	报警响应时间：＜30s	3.94	2.17	0.57	1.03	0.17
234	874614170	电火花检测仪	适用检测厚度：0.5～10mm	11.07	6.28	1.65	2.97	0.17
235	874614178	烟气分析仪	烟气参数测量：O_2、CO、CO_2（红外）、NO_x、SO_2、HC、H_2S，烟气年排放量：SO_2、NO_x、CO	76.58	54.13	7.96	14.32	0.17

续前

编号	编码	仪器仪表名称	性能规格	台班单价	费用组成			
					折旧费	维护费	校验费	动力费
				元	元	元	元	元
236	874614202	烟尘浓度采样仪	误差：±2%FS，信号输出：4～20mA，最大输出负载：500Ω，灵敏度：2mg/m^3，量程：最小 0～200mg/m^3，最大 0～10g/m^3，烟囱大小：0.5～15m	25.16	16.56	3.01	5.42	0.17
237	874614210	加热烟气采样枪	流量范围：0.1～2L/min，精度：±2.5%，时控范围：0～99s	46.65	32.26	5.08	9.14	0.17
238	874614226	钠离子分析仪	浓度：0～999μg/L，0～200mg/La，pNa 值：2.0～7.0，误差：±0.03pNa	15.51	9.51	2.08	3.75	0.17
239	874616027	手持高精度数字测振仪和转速仪	量程：10～1000Hz	46.92	32.46	5.10	9.19	0.17
240	874616043	动态盐垢沉积仪		42.43	31.19	4.84	5.60	0.80
241	874616045	酸洗小型试验台		17.29	11.28	2.06	3.72	0.23
242	874616051	高精度测厚仪装置		43.17	28.72	4.65	9.00	0.80
243	874618009	叶轮式风速表	量程：0～50m/s	9.20	5.20	1.37	2.46	0.17
244	874618017	风压风速风量仪	风压：0～±2000Pa/3000Pa/6000Pa，风速：＜55m/s，风量：＜99999m^3/s，过载能力：≤200%FS，精度：±0.5%，分辨率：1Pa/0.1Pa	5.81	3.25	0.85	1.54	0.17